配方鸡蛋粉产品开发手册

王凤忠　范蓓　张丽静　编

中国质检出版社
北京

图书在版编目（CIP）数据

配方鸡蛋粉产品开发手册 / 王凤忠，范蓓，张丽静编. -- 北京：中国质检出版社，2017.11

ISBN 978-7-5026-4501-4

Ⅰ. ①配… Ⅱ. ①王… ②范… ③张… Ⅲ. ①蛋品加工—手册 Ⅳ. ①TS253.4-62

中国版本图书馆CIP数据核字（2017）第260628号

中国质检出版社出版发行
北京市朝阳区和平里西街甲2号（100029）
北京市西城区三里河北街16号（100045）
网址 www.spc.net.cn
总编室：(010)68533533 发行中心：(010)51780238
读者服务部：(010)68523946
中国标准出版社秦皇岛印刷厂印刷
各地新华书店经销
*
开本 880×1230 1/32 印张 1.625 字数 14 千字
2017年11月第一版 2017年11月第一次印刷
*
定价 15.00 元

前 言

随着人们物质生活水平的逐步提高，追求安全、营养的食品已经成为一种趋势。鸡蛋含有人体必需的动物蛋白质、脂肪、卵磷脂以及矿物质和维生素，营养丰富，吸收率高，可以改善食品的风味并提高食品的营养价值，是食品工业的重要原料。

我国是全球最大的鸡蛋生产国与消费国，我国鸡蛋的年产量约为 2450 万吨，约占全球鸡蛋总产量的 40%。但受传统消费习惯的影响，我国的蛋品消费以鲜蛋为主，且鸡蛋深加工水平较低，其蛋品加工量所占百分比远远低于发达国家。因此，推广普及鸡蛋加工及产品开发，对于促进蛋制品加工行业的发展，合理利用鸡蛋资源具有重要意义。

鸡蛋粉是以蛋液为原料，经干燥加工去除水分而制得的粉末状可食用蛋制品。鸡蛋粉不仅可以很好地保持鸡蛋原有的营养成分，并且具有许多显著的功能性质以及使用方便、卫生，易于储存和运输等优点。通过合理搭配其他营养食材以满足不同人群的营养需求，是鸡蛋粉产品开发的新方向，从而促进我国蛋制品深加工工业实现多元化发展。

为满足我国配方鸡蛋粉产品开发的市场需求和广大蛋品加工从业人员的技术需求，来自中国农业科学院农产品加工研究所蛋品加工领域专家联合编写了《配方鸡蛋粉产品开发手册》。本书介绍了鸡蛋粉的营养成分、特殊人群的营养需求、配方鸡蛋粉产品的开发以及加工设备等内容，内容新颖并具有可操作性，为广大配方鸡蛋粉产品开发研究人员提供参考。

本手册的编写受到公益性行业（农业）科研专项经费（编号 201303084）的资助，在此表示感谢。在编写过程中参考了大量相关资料，向相关作者表示衷心感谢。由于编者水平有限，如有疏漏，敬请广大读者批评指正。

编者

2017.9.30

目 录

1. 鸡蛋粉 1

2 特殊人群的营养需求 5

2.1 青少年 5

2.2 老年人 9

3. 配方鸡蛋粉产品的开发应用 14

3.1 鸡蛋粉复配产品的开发 15

3.2 配方鸡胚蛋粉产品的开发 30

3.3 配方鸡蛋粉产品的加工方式 36

参考文献 41

1. 鸡蛋粉

鸡蛋粉是以蛋液为原料，经干燥加工去除水分而制得的粉末状可食用蛋制品。它含有人体必需的动物蛋白质、脂肪、卵磷脂以及矿物质和维生素，其组分质量高，吸收率高，特别是人脑和神经系统不可缺少的磷脂的含量比较丰富。它既能改善食品的风味，

又能提高食品的营养价值，是食品工业的重要原料。鸡蛋粉的开发不仅解决了鲜蛋易变质、易破损的弊端，同时明显地减轻了蛋品的重量，从而更有利于储藏和运输[1]。

目前，鸡蛋粉的种类可分为全蛋粉、蛋黄粉和蛋白粉，既可以将蛋白和蛋黄合二为一，制成全蛋粉，也可将两者分别干燥，即生产单一的蛋白粉或蛋黄粉，以适应不同人群的多种需要。如蛋白粉是高蛋白、低热量食品，特别适合中老年人食用，蛋黄粉则适合青少年食用[2]。鸡蛋粉营

表 1 鸡蛋粉的营养成分分析

	营养成分												
蛋粉种类	水分（可食）/g	蛋白质/g	脂肪/g	碳水化合物/g	热量/kcal	灰分/g	钙/mg	磷/mg	铁/mg	硫胺素/mg	核黄素/mg	尼克酸/mg	胆固醇/mg
全蛋粉（100g）	1.9	42.2	34.5	13.4	533	8	186	710	9.1	0.23	1.28	0.4	2302
蛋黄粉(100g)	3.0	31.7	53.0	8.8	639	3.5	340	120	14.0	0.38	1.10	0.3	1705
蛋清粉	含蛋白质 80% 左右，水分 15% 左右，其余是铁、磷、钙等矿物质和微量元素及多种氨基酸。												

养成分详见表 1。

鸡蛋粉不仅可以作为一种健康食品直接食用，在食品加工工业中，鸡蛋粉作为一种特殊食品添加剂越来越受到人们的重视，其应用领域逐步扩大。

2. 特殊人群的营养需求

2.1 青少年

青少年时期所需要的能量和各种营养素的量比成人高，尤其是能量和蛋白质、脂肪、钙、锌、铁等几种营养素。青少年时期的生长速度、性成熟程度、学习能力、运动成绩及劳动效率等均与营养状况关系密切。

这是人类对热能和营养素需要最多的阶段，也是对热能及营养素的不足或缺乏最敏感的阶段。此阶段充足合理的营养不仅可以促进青少年正常生长发育，原有营养不良的青少年也可因此赶上正常发育的青少年。青少年时期的饮食原则是摄入多样化食物，注意合理搭配以获得均衡营养[3，4，5]。

2.1.1 热能需求

青少年时期体内合成代谢增加，跃进式的生长使机体对热能的需要达到一生需要的高峰。如热能供给不足，易发生营养不良、体重低下；摄入过多又可引起肥胖等问题。因此，青少年时期热能供给要适宜。我国青少年热能供给量女性为每日2300kcal～2400kcal[①]，男性为每日2400kcal～2800kcal。（均需要供给充足、优质的蛋白质，供给量为80 g～90 g，供热比应为13%～15%）。热量主要来自米、面，应首先吃好三顿正餐。要多吃鱼、瘦肉、蛋、牛奶、豆制品等蛋白质丰富的食物。

注：① 1kcal=4.19kJ。

2.1.2 矿物质与维生素

青少年时期平均每日需存留钙300mg，如以食物钙吸收率为30%计算，至少每日需要钙1000mg，青少年不论男女均需要更多的铁以合成大量的肌红蛋白与血红蛋白，增加1kg体重需要42mg铁。补充锌可促进生长及性成熟，缺碘常可致甲状腺肿。一般青少年维生素A摄入水平不高，维生素D供给量在青少年初期仍维持在学龄儿童的10μg需求量，维生素B_1、维生素B_2及尼克酸这三种水溶性维生素与热能代谢有关，故青少年的供给量均随热能供给增长而增加。

2.2 老年人

每一个老年人对营养的需求，因生活环境、生活习惯、工作性质及个体差异（体重、疾病、性别等）的不同而异。总的要求是营养素全面而平衡，充足而合理，讲究科学的营养。老年人对营养物质有以下一些特殊的要求[6,7]。

2.2.1 热量

老年人体力渐衰，活动量减少，热量 消耗也随之降低，因此老年人的热量供给量应适当减少，一般60岁～75岁的老年人热量需求比成人减少10%；75岁～80岁老年人热量需求比成人需求减少20%左右，以控制在每日 1700kcal ～ 2400kcal 为宜。

2.2.2 蛋白质

老年人对蛋白质的数量需求不高，但要求优质蛋白质的摄入量比例应占总蛋白质摄入量的 50％左右。因为老年人的体内

代谢过程以分解代谢为主，需要较为丰富和优质的蛋白质来补偿组织蛋白的消耗，补充各

种必需氨基酸。日常饮食应选择牛奶、蛋类、豆及豆制品、瘦肉、鱼、虾等。老年人摄入的蛋白质应按每日1g/kg体重计，如60kg体重的人，约摄入60g蛋白质。过多的蛋白质将加重老年人消化功能和肾脏功能的负担，如果进食过多蛋类、动物内脏，又会增加体内胆固醇，对健康不利。

2.2.3 碳水化合物

碳水化合物，易于消化吸收，是老年人热量的主要来源。老年人应多食用多糖类食物，如蜂蜜、水果、蔬菜等；少食用双糖类食物，如蔗糖、麦芽糖等。在正常情况下，碳水化合物在总热量中占的比例约为60%是适宜的，每日膳食中应供给300g～350g（供给量可根据个体特点而做适当调整）。同时，老年人的膳食中应注意供给一定量的纤维素和果胶，这两种不被吸收的碳水化合物能刺激肠道蠕动，起到预防老年性便秘的作用。膳食纤维还能改善肠道菌群，使食物容易被消化吸收。

2.2.4 脂肪

老年人由于胆汁分泌量减少，脂酶活性降低，从而脂肪代谢减慢，消化脂肪能力下降，血脂偏高。因此要严格控制脂肪的摄入，适量的脂肪可促进维生素A和胡萝卜素的吸收。应尽量选用含不饱和脂肪酸较多的脂肪，而减少膳食中饱和脂肪酸和胆固醇的摄入量，也就是多吃植物油，少吃动物性脂肪。

2.2.5 维生素

维生素在老年人的膳食中占有极为重要的地位，特别是水溶性 B 族维生素和维生素 C、脂溶性维生素 D 和脂溶性维生素 E。应多选食新鲜绿叶蔬菜和各种水果，以及粗粮、鱼、豆类及牛奶。

2.2.6 无机盐

老年人对钙的利用和贮存能力降低，易发生骨质疏松。除坚持适当的运动之外，多接受日光照射，经常保证食物钙的摄入量（每日至少摄入600mg钙），对预防骨质疏松甚为有益。牛奶含钙量丰富且易吸收，是老年人提供钙盐的较好食品。对于钠盐，老年人应适当限制，通常每日食盐摄入量以5g～6g为宜，保证膳食中钾的供给量，每日供给3g～5g。另外，某些微量元素，如锌、铬对维持正常糖代谢有重要作用。

3. 配方鸡蛋粉产品的开发应用

目前在配方鸡蛋粉产品加工应用中，多以鸡蛋粉作为配方中的一种成分，从而进行复配产品的开发。

3.1 鸡蛋粉复配产品的开发

3.1.1 营养早餐粉

营养早餐粉食品种类全面、食用方便。鸡蛋粉营养丰富，可以作为配料添加在营养早餐中，并添加其他配料增加其速溶性。推荐配方比例为小分子肽粉 25%、植脂末 25%、白砂糖 22%、米粉 7%、藕粉 2.85%、麦芽糊精 4%、全脂奶粉 4%、

麦片3%、脱水玉米2%、蔬菜粉2%、红枣粉1.5%、鸡蛋粉1.5%、维生素C 0.05%、牛磺酸0.02%、微晶纤维素0.02%、茶多酚0.01%、食用香精0.05%。按照此配方制备的速溶营养早餐营养丰富、美味可口，速溶性强，快速方便，可替代传统早餐，提供人体机能所需营养，解决上班族和繁忙人士因工作生活节奏快而没时间吃早餐的问题；该速溶营养早餐经济实惠，成本低廉，可标准化生产，极具市场推广价值[8]。

3.1.2 杂粮保健粉

杂粮中含有丰富的膳食纤维，在肠

道内不会被消化，还可吸附水分子，可以使食物残渣或毒素在肠道内运行，迅速排出体外，达到排毒的效果，鸡蛋粉几乎含有人体需要的全部营养物质，被称作“理想的营养库”。经常食用鸡蛋还能够起到延缓衰老的作用。推荐搭配小麦粉、核桃粉、玉米粉、玛咖粉、人参粉、乳酸钙剂、氧化锌剂、亚硒酸钠、

维生素C、维生素E、瓜拉纳粉、枸杞粉、鸡蛋粉和辅料。此配方提供了一种能解毒的抗衰老杂粮保健粉，该配方提高了杂粮保健粉的解毒功能，且采用天然药材的药用作用，大幅提高该杂粮保健粉的抗衰老性能，既能够增加该杂粮保健粉的强身健体、延缓衰老、抗疲劳、增强免疫力、调节血压的功能，又增强了杂粮保健粉补充精力、美容养颜的功效[9]。

3.1.3 具有美白养颜功能的杂粮营养粉

杂粮中富含的维生素A，可保持皮肤和黏膜的健康；维生素B_2，能够预防青春痘；维生素E则能预防衰老、皮肤干燥。如脂肪油、挥发油、亚麻油酸，可滋润皮肤，使其光滑细致；氨基酸、胱氨酸等能让秀发乌黑亮丽；而不饱和脂肪酸可使堆积在体内的胆固醇变少、促进新陈代谢使头发容易生成，预防掉发和秃头等。鸡蛋粉富

含维生素和氨基酸，搭配小米、薏米、杏仁、银杏、芡实、核桃、荞麦、玉米、豌豆、小麦、黑米、鸡蛋粉、枸杞和适量的辅料调配而成。本配方采用天然药材和杂粮，通过一定量的配比制配而成，能够均匀的搭配人体所需要的营养成分，该杂粮营养粉具有防治色斑、黑斑和雀斑的作用，让皮肤更加光滑有弹性，还能起到美白养颜、抗衰老、预防心血管疾病、健脑益智的作用，使得人们的饮食搭配营养更加均衡[10]。

3.1.4 养生食品

鸡蛋粉中富含卵磷脂、甘油三脂、胆固醇和卵黄素，对神经系统和身体发育有很大的作用，可避免智力衰退，并可改善各个年龄组的记忆力，通过搭配小麦粉15～20份、葛根粉 8～15份、淮山粉7～12份、芡实粉5～8份、茯苓粉1～4份、银杏叶粉2～3.5份、小麦胚芽粉1.5～2.8份、沙棘粉0.8～2.6份、燕麦粉0.5～1.5份、荞麦粉1～1.8份、黄豆粉0.7～1.2份、芝麻粉0.5～0.9

份、淀粉1.2～1.6份、筋力源F0.5～1份、食用盐0.9～1.4份，调配具有健脾胃、补脾生血，使人耳聪目明，美化肌肤，防老抗衰；健脾祛湿、宁心安神的作用，常服有养颜防衰老的作用；有滋养补阳的功效，可预防心血管脂肪沉积，有助于肠胃的消化吸收；能预防动脉硬化，有降血压、抗衰老、增加脑及冠状血管血流量的作用；此外，使用该配方生产出来的面条，营养成分高，保健效果好[11]。

3.1.5 全营养配方食品

鸡蛋粉含有人体几乎所有需要的营养物质，被称作“理想的营养库”，搭配鸡肉粉10～20份、鸡蛋粉2～10份、全脂奶粉20～40份、大豆蛋白粉10～30份、鱼油粉10～20份、大米粉1～5份、玉米粉1～5份、麦芽糊精1～10份、果蔬粉1～5份、羧甲基茯苓多糖或茯苓多糖1～5份、低聚半乳糖5～20份、抗性糊精2～10份、维生素预混料1～5份、矿物质预混料1～5份。本配方食品以天然食品作为原料，更符合中国人长期的饮食习惯，对肠道功能的保护具有积极的作用，该配方食品不仅为肿瘤患者提供了全方面的营养需求，还显著提高了肿瘤患者的免疫力[12]。

3.1.6 适合秋冬进补的莲子粉

莲子粉富含蛋白质、多种维生素和矿物质以及微量元素，热量也较高，尤其是很好的钙源、磷源。莲子粉有清热泻火之功能，还有显著的强心作用，能扩张外周血管，降低血压，鸡蛋粉蛋白质含量丰富，且优质蛋白的比例较高，通过以下配方进行调配：莲子 300 ～ 500 份、鸡蛋粉 100 ～ 150 份、红米粉 80 ～ 120 份、山药、花生仁、红枣、西红柿各 60 ～ 100 份、当归、杏仁各 30 ～ 50 份、乳清蛋白粉 50 ～ 80 份、甜味剂 40 ～ 60 份。本配方所制得的莲子粉中含有丰富的蛋白质、维生素 A、维生素 C、维生素 E、维生素

B_1、维生素 B_6、维生素 B_{12} 和锌、铁、磷、钙、胡萝卜素、叶酸、烟酸等很重要的营养素、微量元素，能滋补身体、清心醒脾、养心安神明目、健脾补胃，尤其对营养不良、食少体弱的人很有帮助，在干燥的秋冬季节里，能滋养调气、清咽止咳平喘，经常服用，能促进正常细胞生长、提高免疫力、强身健体[13]。

3.1.7 老年配方营养粉

老年人食品需要营养素全面而平衡，充足而合理，鸡蛋粉营养丰富，且含有较高比例的优质蛋白，通过以下配方进行搭配：鸡蛋粉 3.3 份、全脂牛乳粉 5.6 份、生蚝3.0份、鸡肝1.1份、黄豆粉16.0份、黑米10.0份、荞麦8.0份、燕麦片4.9份、甘薯片13.7份、魔芋精粉2.5份、甘草2.0份、黑芝麻2.3份、菜籽油3.0份、苜蓿13.6份、银耳3.0份、番茄10.0份、藕粉2.0份、木耳1.5份、干海带1.0份、蜂蜜15.0份、甜菊糖0.2份、低聚果糖1.0份。以上为基本配料，另外还加有药

食两用的食材：枸杞子3.5份，或干百合3.5份，或菊花3.5份，或陈皮3.5份，或干红枣3.5份，或干山楂3.5份。可制得膳食能量、氨基酸构成、食物结构合理的老年营养粉、营养糕代餐[14]。

3.1.8 杂粮方便代餐粉

市售代餐粉通常以谷类、豆类、薯类食材等为主，搭配其他属类植物的根、茎、果实等可食用部分为辅。鸡蛋富含优质蛋白及维生素，通过以下配方进行调配：全鸡蛋粉4.0份、鸡胸肉7.8份、鸡肝1.0份、白芸豆24.1份、甘薯片11.5份、荞麦10.0份、高粱米10.0份、小米

10.0份、魔芋精粉1.0份、松子仁11.5份、木耳1.4份、低聚果糖1.0份、藕粉5.0份、三鲜酱油5.0份、胡麻油1.2份、白砂糖3.2份、精食盐0.5份，以上为基本配方，以下则按各品种口味而异，而分别加入陈皮2.5份，或甘草2.4份和甜菊糖0.1份，或干山楂2.5份和柠檬酸

0.5份，或苦瓜34.0份和脱水洋葱0.8份，或蒜头5.4份和辣椒粉0.2份，或姜18.0份[15]。制得膳食能量、氨基酸构成、食物结构合理及食用方便的杂粮方便代餐粉。

3.2 配方鸡胚蛋粉产品的开发

3.2.1 鸡胚蛋饮料

鸡胚蛋饮料具有养颜美容、保健补血等功效。以鸡胚蛋为原料蛋，加入米醋、水、木糖醇、苹果酸、羧甲基纤维素钠、可溶性大豆多糖进行调配，其各组分的重量份数分别为鸡胚蛋70～100份、米醋20～40份、水900份、木糖醇70～120份、苹果酸2～5份、羧甲基纤维素钠2～5份、可溶性大豆多糖1～3份。根据本配方制得的鸡胚蛋饮料，既可作为日常饮用，又具有较好的保健作用，口感酸甜可口、清新爽滑，其蛋白质含量大于1.0(g/100mL)，且保质期12个月[16]。

3.2.2 鸡胚蛋护肤品

以鸡胚蛋为原料，用食品粉碎机打成匀浆，加入磷酸缓冲液，4℃～10℃

搅拌浸取过夜，用医用纱布过滤浸取液，离心滤液，留取上清液，将上清液用中空纤维超滤膜超滤获得滤出液，加入适量海藻糖，冷冻干燥。该冻干粉含多种营养成分、抗感染成分和生物活性物质，复溶后的精华液配制成的化妆品具有良好的抗皱、抗衰老、嫩肤及美白等功效，

用于化妆品组合物中，早晚使用两次，对减少淡化皮肤细小皱纹、促进皮肤保水、增加皮肤弹性及抵抗力有明显

作用，且对皮肤无刺激[17]。

3.2.3 鸡胚蛋保健品

鸡胚蛋营养丰富，与普通鸡蛋相比，含有人体所需的8种氨基酸和婴幼儿所必需的2种氨基酸，促进婴幼儿大脑发育的牛磺酸增加近20倍，促进婴幼儿骨骼生长和防止老年骨质疏松所需的钙增加6倍多，其他营养成分均显著高于普通鸡蛋。以健康鸡胚蛋为原料，用机械方法捣碎成浆质，用醇提、酸酶水解得到鸡胚蛋提取物。加入辅料获得本发明的冲剂、颗粒剂、片剂、胶囊、糖浆、口服液、膏剂。制得的产品含有多种营养成分，能补充中老年

人体内必需的天然激素，多种维生素、大量氨基酸、微量元素、钙质和大量蛋白质，能调节人体内分泌平衡，预防骨质疏松，增强人体免疫力，延缓衰老[18]。

3.2.4 鸡胚蛋保健胶囊

以健康鸡胚蛋为原料，去壳后使用匀浆机进行组织匀浆，再用冷冻干燥机对鸡胚蛋组织匀浆液进行干燥，将干燥后的鸡胚研磨成粉末，经杀菌、检测后制成胶囊。通过冷冻干燥技术和紫外杀菌技术处理鸡胚蛋，使鸡胚蛋中的营养保健成分得以有效保存，使产品的保健效果比烹饪后食用更加明显。产品在加工生产过程中不添加任何除鸡胚蛋所含营养成分外的人工合成物质，为纯天然保健食品，有利于人体吸收。因产品中富含维

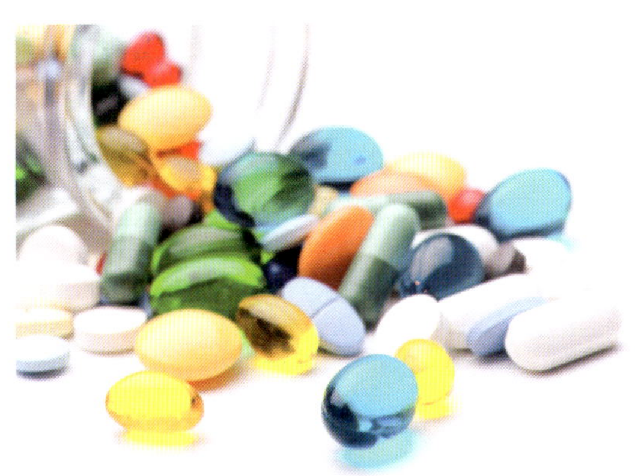

生素A、维生素E、维生素B_1、铁、锌等，所以具有延缓衰老、美容养颜之功效[19]。

3.3 配方鸡蛋粉产品的加工方式

3.3.1 烘干干燥

烘干干燥的基本原理是将蛋液置于烘盘中，通过升高温度，加快蛋液内部水分向表面转移的速度。同时加热空气，使其相对湿度下降，这样的空气通过蛋液表面时，能够

带走更多的水蒸气[2]。

3.3.2 真空干燥

真空干燥的基本原理是将蛋液处于冰冻状态下，通过真空环境而使物品中的水分升华为水蒸气并被排除。干燥温度低，干燥室内相对缺氧，可避免脂肪氧化、色素褐变等，适合于热敏感性食品物料的干燥[20]。

3.3.3 压力喷雾干燥

压力喷雾干燥的原理是经加热杀菌后的蛋液由压力泵喷射入干燥室，形成雾状微粒，另有鼓风机将加热空气送入干燥室，蛋液微粒中的水分便在瞬间（0.3s 左右）受热蒸发而使蛋液干燥成为蛋粉。热空气的温度高，受热时间很短，干燥速度块，对产品的营养成分影响小，成品的冲调性好[2]。

3.3.4 离心喷雾干燥

离心喷雾干燥的原理是蛋液由压力泵送入高速旋转的离心盘内，使蛋液成为漩涡式环流雾状，同时加热空气送入干燥室使雾状蛋液被脱水干燥。热空气的温度高，受热时间很短，干燥速度快，对产品的色、香、味、营养成分影响小，成品的冲调性好。而干燥效果受进风温度、进料速率、转速和进料温度等因素影响较大[21]。

3.3.5 冷冻干燥

冷冻干燥的原理是利用升华的原理进

行干燥，是将蛋液在低温下快速冻结，然后在适当的真空环境下，使冻结的水分子直接升华成为水蒸气逸出，减少物料厚度，可降低热、质传递通过干燥层的阻力，提高干燥速率，所得产品质地疏松，加水后迅速溶解恢复原有特性[20]。

3.3.6 微波干燥

微波干燥的原理是蛋液在快速变化的高频电磁场作用下，极性分子的极性取向随着外电场的变化而变化，造成分子的运动和相互摩擦效应。干燥均匀快速，易于控制及实现连续化生产。

可依据生产设备、产品要求及加工成

本来确定干燥技术。蛋粉的冲调特性不仅与蛋粉蛋白质本身的功能特性有关，还与蛋粉在冲调过程中所处的溶液体系和冲调条件有关，如水浴时间、水浴温度、离子强度、蛋白质浓度及pH等[22]。

参考文献

[1] 蛋粉的加工技术 [J]. 农村养殖技术，2008(20)：40.

[2] 马爽，刘静波，王二雷. 蛋粉加工及应用的研究现状分析 [J]. 食品工业科技，2011,32（02）：393-400.

[3] 魏晓童，綦翠华. 学龄前儿童营养食谱设计 [J]. 中国食物与营养，2006(8)：58 — 60.

[4] S Wadud. Production, quality evaluation and storage

stability of vegetableprotein-based baby foods [J] . Food Chemistry, 2004 (85) : 175 — 179.

[5] AGOSTONI C. Neuro developmental quotient of healthy term infants at four months and feeding practice: the role of longchain polyunsaturated fatty acids [J]. Pediatr R es, 1995, 38(2) : 262 — 266.

[6] 陈孝曙，何丽，薛安娜，等. 营养与老年人健康——现状、问题和对策[J].

中国基础科学，2003(3)：41-42.

[7] 马莹．老年人营养需求及膳食对策[J]．中国食物与营养，2010(04)：79-81.

[8] 魏志华．一种速溶营养早餐及其制备方法．201610713148.9

[9] 祁斌．一种能解毒的抗衰老杂粮保健食品粉的制备方法．201610664968.3

[10] 吴雷．一种具有美白养颜功能的杂粮营养食品粉．201610523667.9

[11] 李国柱，李国良．一种养生食

品. 201610591901.1

[12] 李汉西，等. 具有抗肿瘤作用的全营养配方食品.201610112752.6

[13] 倪晓旺. 一种适合秋冬进补的莲子粉及加工方法. 201310632965.8

[14] 冯乐东. 膳食能量、氨基酸构成、食物结构合理的营养粉、糕代餐. 201210563584.4

[15] 冯乐东. 膳食能量、氨基酸构成、食物结构合理的杂粮五味方便代餐.201210134714.2

[16] 刘华桥，等．一种鸡胚蛋饮料及其生产工艺．201310448304.X

[17] 黄勇前，等．鸡胚精华液冻干粉及其制备方法和应用．201210012262.0

[18] 周标．一种鸡胚蛋保健食品．200410045054.6

[19] 秦翠丽，等．鸡胚蛋保健胶囊及其加工工艺．201010534256.2.

[20] 张京芳，陈锦屏．鹌鹑蛋黄粉加工工艺研究［J］．食品科技，2005（6）：37-40.

［21］　李明元，吉礼，夏云空，等. 卵黄抗体提取副产物（蛋黄粉）的综合利用研究［J］. 食品工业科技，2008,29（10）：181-183.

［22］　车永真，范大明，陆建安，等. 微波法快速提高蛋清粉凝胶强度及其机理的研究［J］. 食品工业科技，2008（8）：79-81.